# 2018
# 江苏省海洋经济发展报告

江苏省自然资源厅　编

海洋出版社

图书在版编目（CIP）数据

2018江苏省海洋经济发展报告 / 江苏省自然资源厅编. — 北京：海洋出版社, 2019.6

ISBN 978-7-5210-0371-0

Ⅰ. ①2… Ⅱ. ①江… Ⅲ. ①海洋经济－区域经济发展－研究报告－江苏－2018 Ⅳ. ①P74

中国版本图书馆CIP数据核字(2019)第124251号

责任编辑：杨传霞　林峰竹
责任印制：赵麟苏

海洋出版社 出版发行
http://www.oceanpress.com.cn
北京市海淀区大慧寺路 8 号　邮编：100081
北京朝阳印刷厂有限责任公司印刷　新华书店北京发行所经销
2019年7月第1版　2019年7月第1次印刷
开本：889 mm × 1194 mm　1／16　印张：4
字数：51千字　定价：36.00元
发行部：62132549　邮购部：68038093　总编室：62114335

# 前　言

海洋是人类生存发展的重要空间和资源宝库，是人类社会可持续发展的宝贵财富。自20世纪70年代进入海洋开发利用阶段以来，沿海国家纷纷加快了对海洋的开发和利用，一场以开发海洋为标志的“蓝色革命”正在世界范围内悄然兴起。迄今，海洋已成为各国资源竞争、经济增长的战略制高点。我国拥有1.8万千米大陆海岸线，主张管辖海域面积约300万平方千米，是我国的“蓝色国土”。党的十八大报告正式提出海洋强国战略，十九大报告进一步强调“坚持陆海统筹，加快建设海洋强国”。习近平总书记明确指出，“发达的海洋经济是建设海洋强国的重要支撑。要提高海洋开发能力，扩大海洋开发领域，让海洋经济成为新的增长点”，“要提高海洋资源开发能力，着力推动海洋经济向质量效益型转变”。习近平关于海洋强国建设系列重要论述，是推进海洋经济新旧动能转换，实施高质量发展的根本遵循和行动指南。

江苏省临江拥海，地处丝绸之路经济带、长江经济带和21世纪海上丝绸之路的战略交汇点，区位优势独特。全省海岸线长954千米，管辖海域面积3.75万平方千米，海岛26个，沿海潮上带和潮间带滩涂面积750万亩[①]，约占全国滩涂总面积的1/4，海洋资源丰富，是海洋大省之一，发展海洋经济条件得天独厚，前景广阔。

---

① 1亩≈666.67平方米。

近年来，江苏省认真贯彻党中央、国务院决策部署，大力推进海洋强省建设，加快实施沿海开发战略，扎实推进海洋产业发展，全面加强海洋开发保护，充分发挥长江下游深水航道与海洋相连接独特优势，坚持陆海统筹、江海联动，基本形成以沿海地区为纵轴、沿江两岸为横轴的"L"型特色海洋经济带，全省海洋经济呈现总量提升、结构优化、动力增强的发展态势。

为了全面总结2017年江苏省海洋经济发展情况，引导社会公众进一步了解海洋、认识海洋、关注海洋，江苏省自然资源厅组织编制了《2018江苏省海洋经济发展报告》（以下简称《报告》）。《报告》总结回顾了2017年海洋经济发展和管理工作，对沿海三市以及沿江七市的海洋经济运行情况进行了总结，分析了江苏省海洋经济发展存在的问题，提出了2018年海洋经济发展重点和方向。希望借助《报告》的出版发行，为各级政府和相关部门、各类涉海企业和海洋经济工作者以及关心江苏省海洋经济发展的读者提供参考借鉴。

《报告》是在江苏省自然资源厅海洋规划与经济处统筹指导下，由江苏省海洋经济监测评估中心钱林峰、崔丹丹、顾云娟、别蒙、方颖组成编写团队，负责撰写与统稿。《报告》的编写，也得到了江苏省发展和改革委员会、江苏省统计局及沿海市（县、区）海洋部门的大力支持，在此一并表示感谢。

由于编者学识和水平有限，错误与不足之处在所难免，衷心企盼广大读者批评指正。

编　者

2018年12月

# 目 录

## 第一篇 综合篇

# 第二篇　区域篇



# 第三篇　附　录

# 第一篇　综合篇

# 第一章　2017年江苏省海洋经济发展情况

## 第一节　海洋经济发展总体情况

江苏省地处我国沿海地区中部和“一带一路”交汇地带，区位优势突出。全省国土面积约占全国的1%，人口约占全国的6%，GDP（国内生产总值）总量约占全国的10%，经济比较发达。2017年，经济发展稳中向好，全年实现地区生产总值85 900.9亿元，比上年增长7.2%，居全国各省（市、区）第二位；人均地区生产总值107 189元，居全国各省（市、区）首位。

2017年，江苏省坚持“陆海统筹、江海联动、集约开发、生态优先”原则，深入推进海洋供给侧结构性改革，着力推动传统海洋产业升级，大力发展海洋战略性新兴产业，海洋经济转型升级步伐加快，产业结构趋于优化，海洋经济总量稳步提升，海洋强省建设取得显著成效。据核算，全省海洋生产总值达到7 217.0亿元，比上年增长9.2%（现价），占地区生产总值比重为8.4%（图1-1）。海洋药物和生物制品业、海洋工程装备制造业、海洋可再生能源利用业等高附加值、高效益产业增速明显。海洋第一、第二、第三产业增加值占海洋生产总值的比重分别为4.1%、47.1%和48.8%。沿海三市海洋生产总值达3 716.0亿元，占全省海洋生产总值的比重为51.5%。

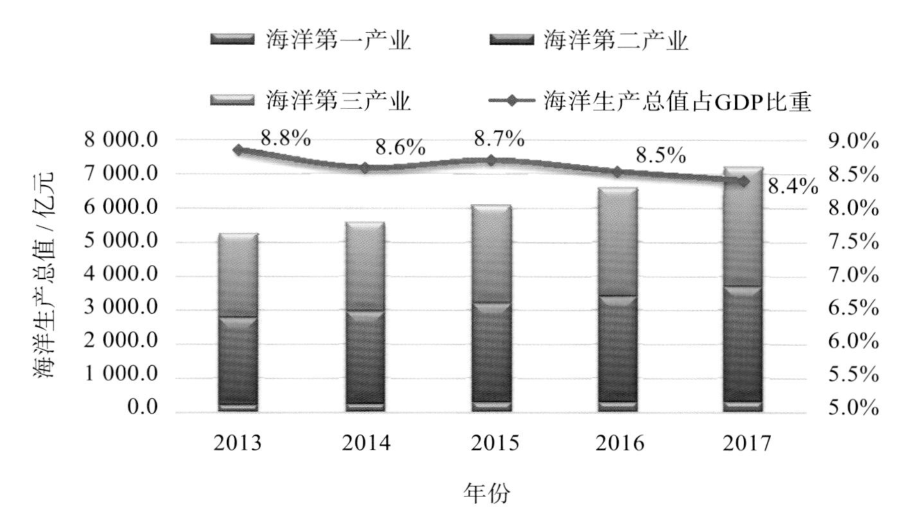


图1-1　2013—2017年江苏省海洋生产总值情况

## 第二节　主要海洋产业发展情况

### 一、海洋渔业

2017年，海洋渔业发展较为平稳，总体呈现养殖升、捕捞降、总量稳、结构调整加快的趋势。全年实现海水养殖产量93.1万吨，比上年增长3.0%；海洋捕捞产量53.0万吨，比上年下降3.4%，其中远洋渔业产量2.9万吨，比上年增长43.3%。第一个赴印度洋的金枪鱼捕捞项目顺利实施，有6条金枪鱼延绳钓船到达印度洋渔场开展作业；新造国内首艘南极磷虾捕捞船进度过半。

沿海地区海洋渔业亮点频现。盐城市积极打造全国最大连片规模、科技领先的百万亩沿海现代渔业产业带；江苏省海洋渔业指挥部实施的南黄海海洋牧场试验性人工鱼礁项目通过验收，首次投放约500万尾大黄鱼苗。培育江苏中洋集团、东台华大鳗鱼、响水海辰、江苏宝龙、赣榆海福特等一批龙头企业和知名品牌，品牌效应和骨干带动作用明显，推进传统海洋渔业加快向现代渔业升级。

江苏省海洋与渔业局和省委台湾工作办公室批准设立江苏省首个海峡两岸渔业交流合作（射阳）基地，拟申报为国家级海峡两岸渔业交流合作基地。

## 二、海洋交通运输业

2017年，海洋交通运输业持续快速发展，呈现出总体稳中有进态势。沿江沿海港口全年累计完成货物吞吐量达到20.4亿吨，比上年增长7.5%，其中沿江港口货物吞吐量达17.1亿吨，增长8%，沿海港口货物吞吐量达3.3亿吨，增长4.9%；完成集装箱吞吐量1 698.7万标准箱，比上年增长5.5%，其中沿江港口完成1 206.9万标准箱，增长7.7%，沿海港口完成491.8万标准箱，增长0.4%。全年完成港口外贸吞吐量4.9亿吨，比上年增长8.7%，沿江沿海港口占99.9%，对外开放主通道作用更加彰显。

在“一带一路”建设的助力下，江苏省港口发展处于第二代向第三代的攀升期，海洋交通运输业迎来新的发展机遇。2017年，全省新建成沿江沿海万吨级以上泊位16个，沿江沿海亿吨大港达到7个，分别为苏州港、南京港、南通港、连云港港、泰州港、无锡（江阴）港和镇江港，总数位居全国第一。海洋交通基础设施建设步伐加快，港口集疏运体系不断完善，连云港港30万吨级航道二期工程开工建设，沿海铁路大通道建设加快推进。2017年5月，组建江苏省港口集团有限公司，加大沿海沿江港口整合力度，加快形成港口投资、开发、运营全省“一盘棋”格局，努力实现由港口大省向港口强省跨越。

港口集装箱航线不断拓展。连云港港拓展“一带一路”交汇点战略地位，新开辟美西南、波斯湾两条远洋航线以及韩国、东南亚两条近洋航线。太仓、泰州等港口分别新增部分近洋航线和长江“精品快航”，实现对东北亚、东南亚主要港口直达航线全覆盖。截至2017年年底，全省共有集装箱航线644条，航班达到8 114班/月。中国港口协会公布的2017年全球集装箱港口100强榜单中，江苏省占3个。

其中，苏州港以588万标准箱位列第27位，连云港港以471万标准箱位列第32位，南京港以315万标准箱位列第52位。

## 三、海洋船舶工业

2017年7月至12月中旬，波罗的海干散货运价指数（BDI）震荡上涨，全年平均指数达1 133点，同比增长超出六成。2017年度中国造船产能利用监测指数（CCI）678点，同比增长11.3%，创5年来最大值（图1-2）。受国际、国内市场回暖影响，江苏省海洋船舶市场触底回升，造船产能利用情况得到明显提升，海洋船舶工业实现恢复性增长，但手持船舶订单同比仍继续下降。

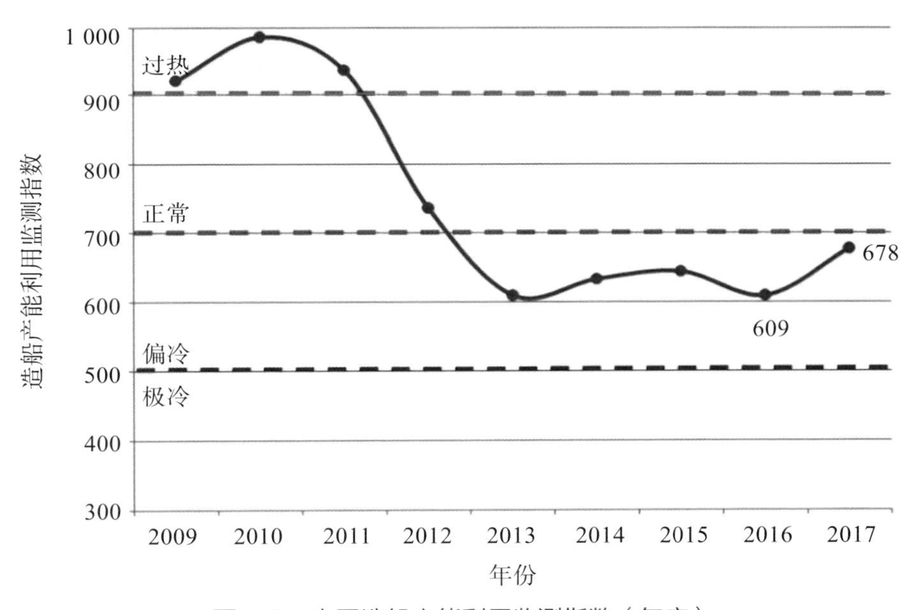


图1-2　中国造船产能利用监测指数（年度）

2017年，全省造船完工量为1 412.4万载重吨，比上年下降5.4%，新承订单量为1 393.4万载重吨，比上年增长228.5%，手持订单量3 662.3万载重吨，比上年下降6.4%，分别占全国份额的33.1%、41.3%和42.0%，造船三大指标均居全国榜首。江苏江北船业有限公司建造的国内首艘河海直达集装箱船“汉唐上海”轮下水，全球最大的集装箱货轮——2万标准箱级 “中远川崎231”号从南通开航。

作为世界重要的船舶产业基地，江苏省各大船舶企业积极应对全球造船业竞争格局深度调整的影响，主动顺应国际船舶技术和产品发展新趋势，积极化解过剩产能，持续加大科技创新投入，加快产业结构调整，发展技术含量高且市场潜力大的绿色环保船舶、专用特种船舶和高技术船舶。金陵船厂秉持“滚装船做精，气体船做稳，三大主力船型做强”发展路线谋求新发展；江苏新韩通船舶重工有限公司加快产品向高附加值特种船舶转型；江苏大津重工有限公司采取与传统船企的差别化发展路径，重点发展大型液化天然气（LNG）动力船舶、海工船舶、公务系列船等技术层次、附加值较高的船舶，积极拓展国外市场。

## 四、滨海旅游业

在政策引领下，江苏省滨海旅游业进入新的发展时期，继续保持较快发展态势。通过服务设施改造、加强海洋铁路建设等措施，沿海三市旅游基础设施逐步改善，因地制宜大力开发山海神话文化旅游、大潮坪生态旅游、江风海韵休闲度假旅游三大旅游精品，滨海旅游国内接待人次和收入逐年提高。2017年，沿海三市接待国内游客10 558.0万人次，比上年增长12.6%，接待入境过夜旅游者27.7万人次，比上年增长8.1%。

南通市大力推进沿江沿海两条黄金旅游带项目建设，成功举办了2017年中国南通江海国际旅游节，启东恒大威尼斯水城、海门蛎蚜山、如东海上迪斯科等新景点串珠成线，深入挖掘小洋口地区旅游文化内涵和旅游风光，打造生态旅游，“江风海韵”休闲品牌正在加速形成，知名度显著提升。

盐城市挖掘区域特色，加强规划布局，完善要素配套，讲好四季有风景的生态旅游故事，乡村旅游发展势头日渐强劲，生态旅游资源优势不断彰显。中华麋鹿园

作为全球唯一以“湿地生态、麋鹿文化”为主体的景区，创新发展模式，巧用盐碱滩涂，湿地资源得到充分保护与利用。

连云港市大力开发海岛和临海旅游资源，打造特色滨海旅游产品。全面推进省内第一大海岛——东西连岛的整体改造，提档旅游品质；开发赣榆区秦山岛休闲海钓项目，提升公众亲海体验；重塑临海而立的海上云台山景区，打造云台石林、楸林花海、醴泉、竹海仙境等景点。

## 五、海洋工程装备制造业

2017年，国际原油价格企稳上行，油气行业迎来“脱困”之机，伴随全球海上油气开发热情有所恢复，海洋工程装备运营市场结束了油价下滑以来的单边持续恶化，得以触底企稳，但市场供应过剩局面并未根本扭转，海洋工程装备制造企业仍受业务萎缩、盈利困难、库存高垒等困扰，持续面临生存高压。面对外部挑战，江苏省海洋工程装备制造企业以创新为动力，加快调结构、去库存、补短板、创品牌，不断优化产业发展模式，培育新的经济增长点，国际竞争力明显提高。建设中的无锡中国船舶海洋探测技术产业园，有望成为国内海洋探测装备产业引领者。南通中远川崎船舶工程有限公司“船舶制造智能化车间”项目入围2017年“中国智能制造十大科技进展”。上海振华重工集团启东公司建造的6 600千瓦绞刀功率重型自航绞吸挖泥船“天鲲”号成功下水，将取代“天鲸”号，成为亚洲最大、最先进的绞吸挖泥船。

## 六、海洋可再生能源利用业

海洋可再生能源利用业发展势头迅猛，规模不断壮大。2017年，全省沿海地区风电装机容量达到589.7万千瓦，比上年增长16.6%；海上风电装机容量达到162.5万千瓦，比上年增长46.3%，位居全国首位。全球首个批量潮间带风电项目——江苏龙源如东150兆瓦海上风电场海上风电机组全部顺利出质保。作为我国目前海上风电项目中单位容量最大的项目，江苏东台200兆瓦海上风电项目50台4兆瓦海上风机全部成功并网发电，每年上网电量为5.28亿千瓦时，按火力发电标煤耗计算，每年可节约标煤17万吨，减排二氧化碳37万吨，减排二氧化硫670吨。

## 七、海洋药物和生物制品业

随着国家科技兴海战略的深入实施，江苏省海洋药物和生物制品业得到快速发展，一大批企业进入海洋药物和生物制品领域。以海洋生物制品为主、产业链条上下延伸的海洋药物和生物制品产业体系基本形成。大丰海洋生物产业园依托国家科技兴海示范基地建设，集聚了一大批海洋生物企业，由海藻制成的化妆品、保健品、肥料、医药等，远销日韩、欧美、东南亚等地。

2017年，总投资3亿元、年产2 000吨海藻纤维的江苏洁灵丝生物材料有限公司海藻纤维项目开工建设，项目建成后，将成为国内唯一拥有高端海藻多糖医用敷料生产技术的创新型企业，预计新增销售额4亿元、利税1亿元。总投资6亿元、年产6 000吨海藻多糖的江苏明月海洋生物科技有限公司竣工投产，产品远销40多个国家和地区，可新增销售收入8亿元、利税2.5亿元。

## 八、海水淡化和综合利用业

在国家对海水淡化产业的政策扶持下，江苏省海水淡化和综合利用业迈入快速发展期，起步良好。2017年，江苏省完成海水淡化产量1.31万吨，比上年增长7.4%。盐城市获批国家第二批海水淡化产业发展试点城市。江苏丰海新能源淡化海水发展有限公司自主研制了具有全球先进水平的集装箱式智能微电网海水淡化成套系统，直接利用风能、太阳能等清洁能源发电，把海水淡化为高品质生活用水和饮用水，该设备已在三沙等地投入使用，并销往“一带一路”沿线的沙特、阿曼、菲律宾、斯里兰卡等国家。

## 第三节　金融支持海洋经济发展

### 一、发挥产业基金引导作用

南通市积极推进海洋经济创新发展示范城市建设，设立首期资金20亿元的陆海统筹发展基金，发挥沿海产业基金、“一带一路”（江苏沿海）发展投资基金引导作用，加大对沿海区域产业投资力度，引导产业进一步向沿海集聚，助力沿海地区投资开发、产业转型升级。截至2017年6月，沿海产业基金完成股权投资项目12个，引入金融资本、民营资本，累计投资金额达17.58亿元，投资领域涉及清洁能源、新材料、医疗等海洋新兴产业。

### 二、加大金融机构支持力度

继续鼓励和支持金融机构加大对海洋产业支持力度，效果明显。2017年，中国农业发展银行江苏省分行在海洋领域投放0.52亿元，主要投放产业为海洋药物和生物制品业；国家开发银行江苏省分行在海洋领域共投放55.29亿元，主要投放产业为海洋风电、海洋船舶和海洋交通运输业。地方金融机构不断创新海洋产业支持模式，如东农商银行以现有的小额贷款、个人商务贷款、小企业贷款、渔船抵押贷款为基础，不断加快产品创新，对海洋渔业捕捞、海洋水产养殖、海洋水产品加工、海洋农资产品销售等行业加大信贷投放力度，为海洋产业发展注入强劲动力。

## 第四节　海洋科技创新

### 一、海洋科技成果产业化成效显著

深入实施创新驱动发展战略，加强海洋重点领域科技创新，涌现一批海洋高技术产品。中船重工七〇二研究所牵头研制的“蛟龙”号载人潜水器获得2017年度国家科学技术进步一等奖。上海振华重工集团启东公司建造的6 600千瓦绞刀功率重型自航绞吸船“天鲲”号成功下水，标志着我国疏浚核心技术已从模仿发展到自主创新，关键系统、关键设备从严重依赖进口发展到自主研制。

### 二、政府助推关键技术攻关集成

2017年9月，江苏省海洋与渔业局联合省财政厅、科技厅及经济和信息化委员会共同组建江苏智慧海洋产业联盟，开展江苏省首届智慧海洋创新创业大赛，有力推动了海洋科技成果转化。江苏省海洋与渔业局组织涉海高校科研院所、龙头企业建立10个科技协同创新团队，围绕海涂围垦、海洋环境保护、观测探测以及海洋装备、海洋生物等产业领域开展公益性实用技术和产业关键技术创新；支持“海洋装备”和“海洋生物”两个联盟开展海洋装备、滩涂贝类、耐盐植物等产业关键技术的攻关集成和成果转化，协同实施各类科技项目14项。

## 第五节　海洋资源管理和生态文明建设

### 一、海洋资源管控力度进一步加大

实施最严格的围填海管控制度，出台贯彻落实《围填海管控办法》实施意见，暂停受理、审批一般围填海项目，坚持集约节约用海，严格控制单体围填海项目的面积和占用岸线长度，全年新增确权填海造地面积比上年减少43%；严格执行海洋工程建设项目环境影响评价核准程序和规范，不予核准的项目比例达24%。积极推动海岸带修复与保护，完成秦山岛、兴隆沙等海岛整治修复主体工程，新投入财政资金950万元支持小官山和东凌湖整治修复。连云港市成为全国首批5个“湾长

制”试点城市之一，通过建章立制深入推进“湾长制”试点。

2017年3月，发布并实施《江苏省海洋生态红线保护规划》，划定海洋生态红线区面积9 676.1平方千米，占全省管辖海域面积的27.8%，划定大陆自然岸线335.6千米，占全省岸线的37.6%，划定海岛自然岸线49.7千米，占全省海岛岸线的35.3%，保障生态红线区面积、大陆自然岸线保有率等不减少。制定《江苏省海洋生态红线实施监督管理办法》。通过划定“一条红线”、绘制“一张控制图”、实施“一个办法”，强化全省海洋生态安全，促进人海和谐。

## 二、海洋生态环境保护工作继续深化

2017年，江苏省海洋与渔业局印发《2017年江苏省海洋生态环境监视监测与评价方案》和《2017年江苏省渔业生态环境与资源监测方案》，指导编制《2017年江苏近岸海域浒苔绿潮监视监测及处置工作方案》。组织对近岸海域海洋环境、生物多样性监测与评价，近海渔业生态环境与渔业资源监测。制定《江苏省海洋生物资源损失补偿管理暂行办法》、《江苏省海洋生态环境保护与整治规划》、《江苏省海洋特别保护区管理办法》，不断完善海洋生态环境保护制度。

江苏省海洋渔业指挥部启动南黄海海洋牧场建设，首批礁体投放入海，首次投放约500万尾大黄鱼苗；在连云港、盐城海域组织2017年度增殖放流，累计向海洋投放半滑舌鳎（比目鱼）、海蜇、中国对虾等苗种2.3亿数量单位，促进海洋渔业资源修复。利用卫星遥感等手段加强对浒苔和马尾藻的监视监测，开展浒苔绿潮灾害应急监测打捞工作，共打捞浒苔3 256包，干重300余吨。

## 第六节　海洋经济对外合作

### 一、加强国际间的海洋文化交流

连云港市与朝鲜、韩国、日本隔海相望，与韩国仁川、平泽是“一带一路”倡议21世纪海上丝绸之路重要节点城市。连云港市于2017年10月27—29日举办“第十届徐福故里海洋文化节”，促进了与日本、韩国等国家和地区的友好往来。“徐福节”已成为连云港市乃至江苏省对外交流的一张“文化名片”。

### 二、推动海洋经济国际合作

2017年6月8日，国家主席习近平与哈萨克斯坦总统纳扎尔巴耶夫在阿斯塔纳专项世博会中国国家馆共同推动操控杆，装载着中远海运集团集装箱的中欧班列鸣笛开行。至此，中哈（连云港）物流合作基地初步实现深水大港、远洋干线、中欧班列、物流场站的无缝对接，标志着“一带一路”建设推进互联互通取得重要成果。自2014年5月中哈（连云港）物流合作基地启动以来，以连云港为起点的新亚欧大陆桥更加畅通快捷，陆海跨境联运更加高效便利，带动了中欧班列发展，形成东西联动发展格局，为哈萨克斯坦连接欧洲、通达亚太提供了重要的通道，促进了经贸合作。

## 第七节　海洋经济管理

### 一、海洋经济宏观调控能力进一步增强

2017年，江苏省海洋与渔业局联合江苏省发展与改革委员会编制印发实施《江苏省“十三五”海洋经济发展规划》，在空间布局上提出提升“一带”、培育“两

轴”、做强“三核”新发展思路；编制《江苏省“十三五”海洋事业发展规划》，提升海洋开发、控制和综合管理能力，统筹海洋事业全面发展；制定《江苏省海洋主体功能区规划》，以沿海县（市、区）管辖海域为基本单元，划定优化开发区域、重点开发区域、限制开发区域，统筹海洋空间开发活动，优化海洋产业结构和空间布局，构建陆海统筹、人海和谐的海洋空间开发格局。

## 二、海洋经济运行监测与评估体系不断完善

2017年，江苏省海洋与渔业局联合江苏省统计局开展全省及沿海市海洋经济核算，编制《2016年江苏省海洋经济统计公报》，为海洋经济管理提供决策参考。探索开展涉海企业直报节点布设，将300家企业纳入月报直报范围。编制《江苏海洋经济发展指数研究报告》，对6个方面15个指标进行量化评价和模型研究，综合反映了江苏省海洋经济的发展水平、成效和潜力。开展江苏省海洋工程装备产业景气指数评价技术研究，探索建立海洋工程装备产业景气评价指标体系，为评估江苏省海洋工程装备产业的发展状况和前景奠定基础。

## 三、组织开展江苏省第一次全国海洋经济调查

按照国家统一部署，组织开展江苏省第一次全国海洋经济调查。高规格成立各级调查机构，聘请调查员、指导员6 500余人，落实省级调查经费2 300万元，各市、县（市、区）、区配套1 450万元；开展多样化宣传工作，实现电视上有画面、报纸上有文章、广播里有声音、手机网络有信息、户外标语有气氛；印发《江苏省第一次全国海洋经济调查实施方案》，召开全省海洋经济调查动员部署会议，创新编制《调查小助手》系列和《问题指南》系列，做到“规范动作”不走样，“自选动作”有创新。据国家调查办反馈，江苏省调查工作总体进度在全国最快，调查数据填报率最高，清查审核数据驳回率最低，调查工作进度和调查质量走在全国前列。

## 第八节　海洋经济发展存在的问题

### 一、海洋产业结构有待优化

从海洋经济三次产业结构看，虽然江苏省海洋科研实力提高、海洋服务功能优化发展，近年来海洋第三产业比重有所提高，但海洋第三产业比重仍然相对偏低，刚刚略超过第二产业，生产性服务业发展仍然不足。从海洋主导产业内部结构看，仍以传统产业为主，高新技术产业比例偏低。从四大主导产业发展现状看，海洋渔业发展动力不足，现代渔业发展模式尚未完全形成，发展方式有待进一步转变；海洋船舶工业、海洋交通运输业等产业发展增速放缓，转型升级有待进一步加强；海洋旅游业相较其他沿海省份发展起步晚，尚未形成产业集聚和品牌竞争力，发展潜力有待进一步开发。

### 二、海洋科技创新能力有待提高

海洋经济与海洋产业发展的科研投入与科技创新能力，与广东省、山东省等海洋强省相比仍然存在较大差距，涉海科研力量分散，研发投入不足，产学研合作不够紧密，造成海洋科技创新能力不强，海洋产业核心竞争力较弱。作为船舶与海洋工程装备大省，大约50%以上的船舶关键配套设备和70%以上的海洋工程关键配套设备依靠进口，不少企业处于产业价值链的中低端。海洋药物和生物制品、海洋新能源、海水淡化与综合利用等产业核心技术、关键设备也都受制于人，市场竞争力不强。

### 三、海洋经济发展平台支撑能力有待增强

作为海洋经济发展主战场的沿海城市，要素集聚辐射功能偏弱，尚未形成具有影响力的海洋中心城市，对海洋经济特别是高端海洋产业发展支撑力度不足。海洋

环境局部恶化趋势尚未得到有效遏制，资源、环境的瓶颈制约与产业发展矛盾需要进一步化解。部分涉海园区入园企业低水平集聚，产业竞争力不强。适度超前、功能配套、安全高效的港口物流、海洋信息、防灾减灾等涉海基础设施支撑体系和公共服务体系建设需要进一步加强。

## 四、海洋经济发展金融扶持力度有待加强

虽然近些年金融支持海洋经济发展越来越被重视，但总体而言，江苏省在金融支持海洋经济发展方面与山东省、福建省等沿海省份相比较为落后，许多非银行金融机构仍未将支持海洋经济发展列入业务发展重点。较多数量的涉海、用海企业，尤其是中小型高新技术企业，由于固定资产不足，融资难、融资贵的问题未获改观。财税政策支持方面，尚未建立扶持海洋经济发展的专项资金、引导资金和基金，财政资金的引导作用和杠杆作用发挥不足。

# 第二章　下一步海洋经济工作举措

## 第一节　加强宏观指导与调控

开展“十三五”海洋经济发展规划实施情况中期评估，推进江苏省“1+3”重点功能区战略中沿海经济带发展，推动海洋经济高质量发展。印发《江苏省海洋主体功能区规划》，规范海洋发展空间布局，优化功能区产业布局。推动《江苏省海洋经济促进条例》立法进程，对江苏省海洋产业布局、政策扶持、科技创新、基础设施建设等予以规范化、制度化。完善海洋产业发展指导目录，严控产能过剩类产业的项目用海审批，优先保障海洋战略性新兴产业项目用海。

## 第二节　引导主要海洋产业结构优化发展

### 一、发挥区域优势，做大做优主导产业

明确江苏省十大港口发展定位，壮大海洋交通运输业。沿海港口将以推进基础设施建设，带动临港产业规模化布局为主，注重规模化、集约化发展。沿江港口以资源整合、转型升级、优化发展和提升现代化水平为主，聚力江海公铁联运。推进南京以下江海联运港区、南京区域性航运物流中心、连云港港区域性国际枢纽港、苏州太仓集装箱干线港等“一区三港”建设。推动海洋船舶工业和海洋工程装备制造业协同发展，加速产品升级创新，重点发展南京、泰州、镇江、南通四大船舶配套基地，提升船用动力系统、发电机组、通信导航等配套设备生产能力，引导中小型船舶配套企业向船舶配套园区集聚，促进船舶和海洋工程装备企业与配套企业战略合

作。加快钢铁集配、物流服务等先进生产性服务体系建设。规划、整合海岸带旅游资源，促进形成“沿海为主、江海联动”的旅游发展新格局。

### 二、聚焦技术创新，大力发展海洋战略性新兴产业

以海洋大数据为支撑，积极搭建“智慧海洋”架构平台，加快推进海洋新兴产业与信息化融合发展步伐，构建基于物联网的海陆通信网络，实现多源数据采集、传输和共享。发挥盐城国家海上风电产业区域集聚发展试点效应，推进以海上风电为代表的海洋可再生能源业加速发展。开展海上风电设备关键技术研发攻关，逐步构建集风电产业关键技术研发、风电整机制造、风场应用及配套服务于一体的海上风电全产业链。加快研发基于大数据和云计算的海上风电集群运控并网系统。加大海洋药物、海洋生物制品及海洋生物材料等研发投入，加快成果转化步伐，壮大产业规模，逐步打造海洋药物和生物制品完整产业链。加快建设海洋生物和药物资源样品库，加强生物技术产业化平台建设。

### 三、优化发展路径，助推海洋经济“绿色”发展

优化升级现有海洋产业机构，创新海洋发展路径，培育一批绿色海洋产业，稳步提升现代海洋服务业比重。推进高效设施渔业，支持百亩连片池塘标准化改造工程，发展现代海洋渔业；推动大型散货船等主力船型升级提档，发展技术含量高、市场潜力大的绿色环保船舶、专用特种船舶、高技术船舶；加快发展海洋旅游业，重点培育邮轮经济、海岛休闲、生态湿地康养、特色渔业等旅游度假休闲新业态。

## 第三节　提高海洋经济运行监测评估能力

### 一、完善海洋经济运行监测评估工作体系

加强与江苏省统计局数据共享、业务合作，按时序完成海洋经济统计核算工

作，推进涉海企业直报。以江苏省第一次全国海洋经济调查涉海单位名录为基础，与统计部门合作建立名录库共享及更新机制，加强涉海、用海企业名录库建设，推进海洋经济运行监测与评估系统的业务化运行，逐步实现共享数据网络交换。

### 二、加强对海洋经济的评估分析

提升涉海企业直报数据以及海洋统计核算数据评估分析能力与水平，针对江苏省多种用海方式产业活动特点，开展经济效益评估。拓展海洋经济运行季度评估分析范围，实现分地区分产业分析评估。

### 三、完善省级海洋经济核算方法

在原有核算体系基础上，按照第一次全国海洋经济调查结果进一步完善省级核算方法，调整相关系数，并探索将绿色核算等相关指标引入到省级核算体系。

### 四、全面完成海洋经济调查工作

发挥省级海洋经济调查机构统筹协调职能，加强业务指导与工作协调，按照时序推进全省海洋经济调查、成果集成等工作。强化海洋经济调查数据应用分析，开展海洋经济相关课题研究。

## 第四节　推动海洋经济创新发展与智库建设

### 一、加强海洋科技创新，推进海洋经济智库建设

加强海洋重点领域科技创新，研究制定《江苏省省级海洋科技创新专项管理办法》，围绕海涂围垦、环境保护、防灾减灾、观测探测以及海洋装备、海洋生物、海水淡化等新兴领域，明确省级海洋科技创新专项2018年度重点扶持方向。提升创新引领能力，支持3个海洋产业联盟围绕新兴产业领域加强联合攻关，新开展10项

以上公益性实用技术和产业关键技术创新与示范应用。研究推进海洋经济智库建设，继续打造一批海洋经济创新示范园区，推动认定一批省级海洋产业龙头企业。

### 二、推动产学研合作，提升海洋科技研发能力

深化产学研合作，推进海洋产业关键技术突破和重要技术标准研发，抢占海洋产业未来发展技术制高点；打造新型海洋研发载体，支持涉海企业工程技术中心、海洋产业标准与标准品研发平台以及海洋知识产权评估与交易平台建设；深入实施重大科技成果转化专项，构建市场导向的海洋科技成果转移转化机制，加快海洋科技成果产业化。

## 第五节　促进金融支持海洋经济发展

### 一、强化政策引导与项目实施

与中国人民银行南京市分行等单位共同研究八部委《关于改进和加强海洋经济发展金融服务的指导意见》，协调做好贯彻落实工作。与中国农业发展银行江苏省分行共同建立农业政策性金融促进海洋经济发展协调机制。挖掘优质涉海项目，与各金融机构沟通做好项目储备和筛选工作，提高金融支持海洋经济发展支持力度。

### 二、引导金融机构与海洋产业合作

鼓励银行业金融机构以及非银行业金融机构加大对海洋经济重点领域、重点项目、重点企业的金融支持，构建面向海洋经济的全方位金融服务体系。引导银行业金融机构采取项目贷款、银团贷款等多种模式，优先满足海洋新兴产业、现代海洋服务业和临港先进制造业等融资需求。鼓励条件成熟的沿海市县创建地区性海洋产权交易平台，鼓励成立涉海融资租赁公司，发展船舶融资租赁及航运保险等非银行金融产品。

## 第六节　强化海洋资源管理和环境保护力度

### 一、持续强化海域使用监管

颁布实施《江苏省海洋主体功能区规划》。开展《江苏省海洋功能区划（2011—2020年）》修编工作，适时启动《江苏省海洋功能区划（2021—2030年）》编制前期工作。强化围填海管控措施，暂停受理、审批一般性围填海项目，对符合国家要求的四类围填海项目，按照“一事一议”形式报国家海洋局审查。坚持集约节约用海，启动《江苏省项目用海控制指标》制定，严格控制单体围填海项目面积。发挥海域使用动态监管系统作用，开展围填海存量和构筑物用海监测。开展“碧海”、“海盾”行动，加大违法用海查处力度，严厉查处“三边工程”。

### 二、不断规范海洋工程环境监管

按照国家海洋督察的反馈意见，对标找差，制定整改方案，确定整改目标、整改措施和整改时限，实行拉条挂账、督办落实、办结销号。建立项目环境影响评价与规划环境影响评价审批联动机制和责任追究制度，严格建设项目环评审批和事中事后监管。加快推进入海河口在线监测系统建设。

### 三、多措推进海洋生态整治与修复

推动建立资源环境承载能力监测预警长效机制，开展海洋环境容量研究，提出针对性海洋环境污染控制方案。出台《江苏省海岸线保护与利用规划》，制订自然岸线保护与年度计划，严格限制可能改变或影响岸线自然属性的开发建设活动。重点实施沙滩修复养护、近岸构筑物清理与清淤疏浚整治、滨海湿地植被种植与恢复、海岸生态廊道建设等工程，推进海域海岸带综合整治修复。积极争取各级财政专项资金，引入社会资本参与海岸线整治修复，全省新开展海岸线整治修复不少于20千米。

# 第二篇　区域篇

# 第三章 江苏省沿海经济带发展现状和下一步工作举措

## 第一节 南通市海洋经济发展情况

### 一、2017 年海洋经济发展主要成就及举措

#### （一）海洋经济运行总体情况

2017年，南通市围绕建设上海“北大门”新定位，以建设国家级海洋经济创新发展示范城市为抓手，以陆海统筹发展综合改革试点为动力，着力发展海洋产业、壮大现代海洋经济。全市全年实现海洋生产总值1 947亿元，比上年增长9.3%，占全市GDP总量的25.8%，占全省海洋生产总值的1/4。

#### （二）主要海洋产业发展情况

一是海洋渔业稳步发展。2017年，南通市远洋渔业产量2.5万吨，占全省总量的86%；拥有在外远洋渔船41艘，其中西非海域25艘、东南太平洋和西南大西洋海域10艘、印度洋海域6艘。组建江苏深蓝远洋渔业有限公司，筹建南极磷虾捕捞和加工基地，目前我国第一艘专业南极磷虾捕捞加工船——“深蓝”号处于分段总组阶段，投产后南极磷虾年捕捞量有望达到5万吨左右。

二是海洋运输业增长稳定。南通港港口建设快速推进，已利用岸线长度78 600米，港口企业192家，泊位289个，其中10万吨级以上泊位29个，5万～10万吨级泊位51个，1万～5万吨级泊位30个，万吨级以下泊位179个。全市港口吞吐量达到2.36亿吨，比上年增长4.2%，在全国39个亿吨大港中排名第17位，在16个内河港口中排

名第3位。

三是海洋船舶工业砥砺前行。2017年，全市446家船舶工业企业实现产值2 056亿元，比上年增长4.7%。其中，船舶造修产值462.8亿元，比上年增长3.9%；船舶配套产值1 593.3亿元，比上年增长4.9%。

四是滨海旅游业保持较快发展。旅游基础设施不断完善，沿海地区旅游景点建设加快推进，全年接待旅游总人数4 247万人次，比上年增长12%。

（三）海洋科技支撑海洋经济发展情况

一是海洋经济创新示范城市建设有序推进。印发实施《建设海洋经济创新发展示范城市实施方案》和《海洋经济创新发展示范城市建设项目和中央专项资金管理办法》，下拨示范城市首批中央补助资金1.782亿元，带动社会投资32亿元，高质量按时序推进示范城市项目实施。

二是创新型领军企业快速成长。中远川崎获评工信部“智能制造试点示范”企业；中天科技获评国家技术创新示范企业；招商局（江苏）重工跻身国家级技术中心行列；中天海缆的海底光缆、海底电缆国内市场占有率分别达到62%、59%，成为我国海底光电缆行业的领跑者；海门通光集团获省长质量奖；如东海上风电示范基地被列为国家火炬特色产业基地。

三是创新载体建设不断加快。中央创新区建设稳步推进；中国科学院上海技术物理研究所启东光电遥感中心、北京大学生命科学华东产业研究院两个新型研发机构获省资金支持；天津大学-密西根大学联合研究院落户南通高新区；通州湾科创城、中国科学院南通海洋研究所、通州湾物模基地等科技创新平台基本建成。

（四）涉海产业园区发展情况

发挥南通市濒江临海的区位优势，以沿江沿海重点产业园区为依托，大力发展海洋工程、豪华邮轮、特种船舶、高附加值船型、海洋工程船舶关键设备，打造世界一流海洋工程船舶产业基地。依托沿海8个重点区镇，打造了一批临港产业园区，初步形成海工装备、液化品物流、电力能源等特色产业板块，实现工业应税销售超200亿元级园区1家、100亿元级园区2家。以通州湾示范区为依托，建设船舶海工产业基地，为发展高端、规模化临港制造业预留充足空间。以洋口港经济开发区为依托，建设海洋能源装备制造产业基地，重点在风电制造、燃气发电机组等领域寻求更大突破，总投资450亿元的“一带一路”金光如东科技产业基地暨高档生活用纸项目已顺利签约。

（五）海洋生态文明建设情况

一是注重规划引领。根据《南通市海洋生态文明示范区建设方案》、《南通市“十三五”海洋环境保护规划》等，下达2017年度海洋生态文明考核指标，明确南通市相关部门和沿海各县级政府的目标任务、完成时序以及实施的重点项目等。

二是提升海洋环境监测能力。南通市海洋环境监测预报中心通过江苏省质监局组织的实验室资质的现场考核；启东市海洋环境监测站通过了江苏省质监局计量认证；通州湾团结河闸水质自动在线监测系统通过验收；启东市在通吕运河入海河口投放水质浮标。

三是强化海洋环境质量监测。在近岸海域共设各类监测站位90个，获取各类监测数据6 000多个，全市近岸海域水质保持稳定。

四是积极推进涉海生态防治。入海河流中7条一级河道均实施“河长制”，其中3条已印发整治方案。完善水环境区域补偿机制，实现流域补偿断面县级行政区域全覆盖。

五是实施海洋生态修复工程。获中央财政补助4 300多万元的如东县海岸生态保护与生态廊道建设项目基本完成，并对社会公众开放。获中央财政补助5 200万元的启东兴隆沙生态保护与修复项目已经完工。2017年6月6日，全国“放鱼日”江苏省同步增殖放流活动在南通市设立主会场，共放流大黄鱼等品种5 000多万单位。

六是不断强化海洋预报减灾工作。协调分配北斗卫星应急示位标安装，推进南通海洋预报减灾示范区建设，新增海门和蛎蚜山两个观测浮标，累计已达16个；手机APP 南通海洋天气预报顺利上线，丰富了预警报产品和发布形式。

（六）海域海岛管理情况

一是继续推进落实《关于深化海域管理制度改革的意见》。如东、启东落实了建设用海基准价格评估技术单位，海域使用权“直通车”制度得到全面实施。如东持续推进海域经营权市场化出让。深化开发性金融促进海洋经济发展试点，新增政策性银行贷款75亿元。

二是积极开展海域使用后评估工作。对海门燕达重工围填海项目和启东滨海工业集中区区域建设用海开展海域使用后评估工作。

三是深入推进海域使用动态监管业务化运行。开展区域建设用海、工程用海、疑点疑区专项核查，在全国率先开展建设海域三维实景监管系统。

## 二、下一步海洋经济工作举措

一是处理好海洋和长江、内陆的关系。南通市沿海已经拥有洋口港、启东港两个国家一类开放口岸，沿海高速、沿海高等级公路、通洋高速一期、海洋铁路等相继建成通车，连申线三级航道通航。下一步，围绕上海第三机场选址，增强港口集疏运功能，重点推进沿海洋口港区、吕四港区、通州湾港区深水航道建设，形成综合联运枢纽，全力推进港口一体化改革，将港口优势转化为物流优势、海洋产业优势和海洋经济优势。

二是处理好制造业和服务业的关系。针对临港产业层次不高、产业结构趋同、布局小而散等问题，培育壮大一批重点产业板块，打造重点特色园区。以启东生命健康科技城为依托，建设海洋药物和生物制品产业基地。以通州湾示范区为依托，打造上海港北翼基地。通过高起点的城市组团功能规划建设，为发展高端、规模化的临港制造业预留充足空间。

三是处理好传统产业和新兴产业的关系。按照“一市一主业”的要求，重点发展的传统产业是船舶制造产业，新兴产业是海洋高端装备产业。引导船舶企业主动适应国际船舶技术和产品发展新趋势，发展技术含量高、市场潜力大的绿色环保船舶、专用特种船舶、高技术船舶，推动武船重工南通基地项目取得实质性进展，支持招商局重工发展豪华邮轮产业。

四是处理好岸上和海里的关系。扎实推进沿岸、海域污染防治，加强沿海岸线、土地、滩涂等资源保护；引导重点行业企业实施清洁生产技术改造，实施涉海中小企业清洁生产培训计划，提升中小企业清洁生产技术研发应用水平；加快建立循环型海洋产业生产体系，促进企业、园区、行业、区域间链接共生和协同利用。依托如东、启东沿海滩涂资源优势，加快推进海洋产品废弃物循环利用。严格控制全市重点入海河流和重点排海区域、企业入海污染物排海总量，提高尾水排海达标率。严格项目环境准入标准，淘汰落后产能，形成海洋生态保护和科学开发合力。加强海洋生物多样性和重要海洋生态保护，严格执行海洋捕捞资源保护制度，落实海洋工程项目生态补偿制度。全面开展岸线整治修复工作，确保至2020年全市自然岸线保有率不低于36%，达到国家海洋生态文明示范区建设标准。

## 第二节　盐城市海洋经济发展情况

### 一、2017 年海洋经济发展主要成就及举措

#### （一）海洋经济运行总体情况

江苏省沿海发展上升为国家战略以来，长期“背海而居”的盐城，赢得“回头是海”的格局，海洋经济总量稳步增长。2017年全市海洋生产总值为1 040.1亿元，

比上年增长8.9%，占全市地区生产总值的比重为20.5%。

盐城市全面实施“双核、四区、多节点”海洋经济空间布局，大丰区加快融入“长三角”一体化发展，海洋生物、海洋新能源、海水淡化等海洋战略性新兴产业加速集聚，港口龙头地位日益凸显，港城人气加速上涨，“极核”效应彰显；坚持淮河生态经济带出海门户战略定位，加快建设滨海新区，港口、土地、综合能源等承接临港产业转移的条件日益成熟，已成为放大盐城市海洋经济后发优势的关键之核；东台市、亭湖区、射阳县、响水县围绕各自定位，特色发展、同向发力，“四区”中轴作用突出；阜宁县、建湖县等内陆地区涉海园区、涉海产业与沿海地区合作紧密，新增一批海洋经济新增长点，市域海洋经济优势互补、协同发展格局逐步形成。

（二）主要海洋产业发展情况

一是海洋新能源产业成为市域经济新的增长极。充分利用风电、光伏资源，加快推进沿海新能源发展，着力打造沿海新能源产业基地，2017年全年新能源类企业开票销售近300亿元。提高海风“含金量”，东台市一座太阳能电站创造“两个之最”：国内最大的“风光渔”一体化电站，全球单体规模最大的滩涂地面光伏电站。

二是海洋交通运输业加快发展步伐。盐城市港口能级进一步提升，全市沿海港口货物吞吐量达9 500万吨，比上年增长13%，其中大丰港全年主营收入近200亿元。

三是滨海旅游业实现较快增长。全年实现总收入321亿元，增长18%。

四是海洋渔业加速转型。海洋捕捞业逐年缩减，生态高效养殖规模日益扩大。海洋渔业全年实现总产值170多亿元，增长8%。

（三）海洋科技支撑海洋经济发展情况

盐城市全力突破海洋产业关键技术，加快科技成果转化，打造科技兴海高地。

一是新产品迅速开拓市场。6兆瓦及以上直驱永磁风电机组成功下线，超长叶片、超长管桩等产品开辟澳大利亚等海外市场，海洋隔水管等海工石油装备实现替代进口。

二是新技术加速产业化。非并网风电淡化海水项目在三沙市建成运行，马尔代夫援外项目落地建设，纳米黑金淡化海水项目建成投产，池塘工厂化循环水养殖技术在全市推广，实现养殖产业的技术革命。

三是新平台效应不断放大。江苏海洋产业研究院与国家海洋局、厦门大学共建苏北首家海洋生物养殖及健康干预研究中心，与省产业技术研究院建立“智慧海洋”技术服务平台。国家海上风电检测中心、鉴衡叶片检测中心加快建设。与中国工程院麦康森院士合作，建成全市首家渔业院士工作站。

（四）重大工程项目进展情况

一是海洋产业项目加快集聚。远景智能风机、神山海上风电管桩、中材风电叶片等一批海洋新能源产业重大项目落地。全市5个风电产业园初步形成集技术研发、装备制造、风场应用和配套服务于一体的全产业链。海洋生物产业以明月海藻为龙头，集聚环球卡拉胶、金壳制药、洁灵丝海藻纤维等一批重大项目，赐百年生物工程有限公司与汤臣倍健股份有限公司合作加快海洋生物保健品开发。沿海百万亩现代渔业产业带建设被列为盐城市“两重一实”重点工程，已实施62个重点项目，累计完成投资近20亿元。

二是基础设施项目实现突破。2017年，全市沿海港口基础设施直接投入20亿元以上，建成通用、粮食、石化、大件、滚装、集装箱等生产性码头泊位93个，其中万吨级以上泊位21个，泊位总长8 868米，综合通过能力8 459万吨，沿海4个港区万吨级深水航道全面通航，建成一类开放口岸1个，临时开放口岸2个。“5+1”高速铁路网络开建，大丰港铁路支线项目通过铁路总公司审查，S331建成通车成

为市区第二条出海通道，建成达海航道刘大线，滨海港疏港航道、射阳港疏港航道列入省级规划。

三是平台载体项目有力推进。以沿海滩涂及废弃盐田资源保护与综合开发利用为主题的国家海洋经济示范区创建工作方案，已上报国家待批。策应国家淮河生态经济带规划建设，加快建设江苏滨海新区，打造淮河生态经济带出海门户、国家河海联动开发示范区。推进沪苏大丰产业联动集聚区建设，创建国家“飞地经济”示范区。中韩（盐城）产业园加大海洋重大项目招引力度，打造中韩海洋经济合作的新高地。

#### （五）海洋生态文明建设情况

海洋生态环境总体向好。2017年，盐城市一、二类海水面积为8 359平方千米，占全市管辖海域面积的46.7%，劣四类海水面积为1 432平方千米，占全市管辖海域面积的8%，近岸海域水质优良比例相对稳定，劣四类海水面积大幅减少，近岸海域水质明显改善。2017年，全市滨海湿地面积为2 505平方千米，海洋生物多样性明显提升，海洋沉积物质量状况总体良好，大陆自然岸线保有率继续保持全省最高。

严格执行海洋功能区划，大力实施海洋生态文明建设行动方案。实施射阳县海岸带整治修复、滨海县海岸带综合整治与修复及射阳河口生态修复等项目；推进海洋工程生态补偿，基本实现协议签订和措施落实两个全覆盖；持续开展增殖放流，放流海蜇等物种近3亿多单位。海洋环境监测机构实现沿海县级全覆盖，在管辖海域设置各类海洋环境监测站位178个，每年获取近海海域监测数据10 000余个。

### 二、下一步海洋经济工作举措

#### （一）重抓产业培育，壮大海洋经济规模

一是培育战略性新兴产业。加快发展海洋生物、海洋新能源、海洋工程装备和海水淡化四大新兴海洋产业，推进海上风电场和新能源装备项目建设，打造国家新

能源产业基地，提升海水淡化成套装备产业化水平，建设江苏省新型沿海先进制造业基地。

二是集聚发展临海临港产业。全力实施东风悦达起亚2025NTF战略，大力发展新能源整车，加快发展智能网联车，推进汽车研发、汽车金融等产业发展。依托江苏滨海新区，承接沿江地区先进制造业产业向盐城沿海地区转移，布局建设沿江大型石化企业转移生产基地。全力提升港口物流业现代化发展水平，加快滨海港LNG项目建设，打造江苏沿海综合能源基地。

三是加快发展滨海生态旅游业。依托滨海地区岸线、湿地、海洋等特色空间，整合盐田、滩涂、风光等滨海旅游资源，推动国家级珍禽保护区、麋鹿保护区等重点滨海景区提档升级。实施以生态旅游区引领经济区发展的战略，建设一批富有地域特色和海洋特色的滨海旅游经济区。

四是巩固提升海洋传统产业。以沿海百万亩渔业产业带为载体，实施“接二连三”工程，打造全国规模最大的现代海洋渔业生产基地、高效健康养殖创新区和先导区。围绕“一片林”战略工程，打造沿海“生态林、产业林”。加强耐盐农作物种质资源基因工程改良和培育，探索发展耐盐蔬菜、海水稻、苗木、特种经济植物等新兴盐土农业。

### （二）加快载体提升，增强发展承载能力

一是建设国家“飞地经济”示范区。全面融入“长三角”城市群一体化发展，主动接受上海经济辐射和要素溢出，加快建设沪苏（大丰）产业联动集聚区，依托上海在大丰现有307平方千米“飞地”，把全市域打造成上海“飞地经济”，建成北上海临港生态智造城、东部沿海现代大工业和上海科创中心制造业集聚区。

二是打造河海联动开发示范区。加快建设江苏滨海新区，放大中韩盐城产业园政策效应，深化与韩国、日本务实合作，扩大与港澳台经济合作，创建滨海新区国

家工业园。发挥港口、土地、综合能源等优势，将滨海新区建成国家承接产业转移示范区、长江经济带产业合作基地、淮河生态经济带出海门户、国家清洁能源示范基地。

三是做大做强海洋经济特色园区。重点扶持大丰海水淡化园、东台海洋工程特种装备产业园等省级创新发展示范园区，集聚发展海洋特色产业，积极创建国家海洋经济示范区和省级海洋经济创新发展示范园区。

（三）实施科技兴海，提升创新驱动水平

一是打造海洋科技创新平台。围绕盐城市海洋主导产业，加强江苏海洋产业研究院、江苏海洋生物产业研究院等海洋科技创新平台和公共技术服务平台建设，深化与中国科学院海洋研究所等知名海洋科研机构合作，搭建前沿性涉海研发平台，推进海洋产业关键技术突破。

二是加快海洋科技成果产业化。构建市场导向的海洋科技成果转移转化机制，促进人才、资金、科研成果等在涉海企业、海洋园区、高校、科研机构间有效流动，构建涉海科技成果深度信息发布、交流平台，加快科技成果转化。

三是打造海洋科技人才高地。突出“高精尖缺”导向，重点招引复合型涉海创新创业人才、高科技领军人才、战略性新兴产业高端人才和高技能人才。建设南京大学盐城海洋学院，支持在盐院校设置海洋学科，探索组建盐城海洋研究院，开展海洋技能职业培训，加强海洋人才培养。

（四）加强开放开发，着力拓展发展空间

落实盐城市“东向出海、南向融合、西向拓展、北向联动”开放合作战略，积极融入“长三角”海洋产业分工，重点加强海洋科技创新、海洋金融、涉海贸易、航运等领域合作，更多吸引在“长三角”集聚的国际涉海资源，承接海洋科技成果转化。深入对接“一带一路”倡议，建设21世纪海上丝绸之路节点城市，重点深化与沿线国家和地区海洋经济贸易交流合作，全方位、多领域提高盐城市海洋经济对外开放水平。

（五）突出政策聚焦，推动新旧动能转换

积极争取国家、江苏省用于海洋经济发展的专项扶持资金、项目配套资金和扶持政策，重点支持海洋经济发展中的重大项目、重点工程、重要领域。深入推进“放管服”改革，积极服务重大项目用海。聚焦附加值高、带动力强、生态环保型的涉海新兴产业，培植海洋产业的龙头企业、领军企业集群。

## 第三节　连云港市海洋经济发展情况

### 一、2017 年海洋经济发展主要成就及举措

（一）海洋经济运行总体情况

连云港市加快由“海洋资源大市”向“海洋经济强市”转变。2017年，连云港市海洋生产总值为728.7亿元，比上年增长8.8%，占全市地区生产总值的比重为27.6%。主要海洋产业总体保持持续增长态势，滨海旅游业、海洋渔业、海洋交通运输业等主要海洋产业增幅稳定；海洋药物和生物制品、海水利用等新兴海洋产业发展态势良好；海洋船舶工业态势有所回升，海洋工程装备制造业迅猛发展。

（二）主要海洋产业发展情况

一是海洋渔业增长稳定。浅海域增养殖面积达57万亩，紫菜养殖面积18.5万亩，建成海水网箱1 000多个。规划建设海州湾海洋牧场区150平方千米，获批建设40平方千米的国家海洋牧场示范区。全市发展水产品加工企业200余家，成为区域性海产品交易中心。同时，连云港市是全国最大的条斑紫菜养殖加工基地，也是河

蟹育苗基地和中国对虾养殖基地。

二是海洋化工业发展势头良好。连云港市盐化工产业基础较好，拥有全国四大海盐产区之一的淮北盐场，盐田生产面积约2.7万公顷①，年产量达20万吨。新组建连云港市工业投资集团公司从事盐化工和精细化工产品的生产和研发，并与油脂化工等相关企业形成配套，着力打造表面活性剂、特种化学品、添加剂和高分子材料四大板块产品。

三是海洋药物和生物制品业继续保持较快增长态势。发展以现代中成药、海洋生物医药、海洋功能食品等为特色的新医药产业，初步构建具有国内领先水平的海洋药物、功能食品、保健品和生物制品等研发、生产、应用、服务集成的海洋药物和生物制品产业链。建成生命健康产业园，拥有恒瑞医药、康缘药业、豪森药业、正大天晴等“中国制药工业百强”企业，形成了特色海洋生物产业集群。

四是海洋交通运输业总体保持平稳增长态势。货物吞吐量等主要指标保持平稳增长，大力发展海铁联运、海河联运，连新亚班列正式开通运营，连新欧班列实现试运营，中韩陆海联运列入全国试点，已初步形成以港口物流为龙头，铁路物流、公路物流、航空物流、内河物流等为支撑的物流产业体系。

五是海洋工程装备制造业保持稳步发展。加快培育海洋高端装备产业，在海底管道检测系统、海洋石油地震物探系统、海洋油气三维成像测井系统、钻井平台钻具自动处理系统、水下观测机器人、海上风电装备以及油气智能装卸臂装备等一大批海洋高端装备领域取得突破和进展。

六是海水利用业创新发展。开展海水淡化装备制造研究，支持海水淡化装备制造企业发展，在秦山岛建成200吨/日的海水淡化装置，在前三岛投入运行5立方米/日太阳能反渗透海水淡化装置。推进江苏田湾核电站建设，日用冷却水400万立方米。

① 1公顷＝10 000平方米。

七是滨海旅游业保持平稳发展。构建“陆上观海（海、岛）”、“海上观陆（山、城）”和“岛岛相连”的立体海洋旅游体系，“山海连云、西游圣境”的城市旅游形象日渐鲜明，先后被评为全国旅游竞争力百强城市、全国20个优秀旅游目的地之一、中国十大环境最好旅游城市之一，获批建设首批国家级旅游业改革创新先行区。

八是海洋船舶工业复苏发展。建成灌河口船舶工业园，成为苏北首家特种船舶产业园，也是江苏省政府规划的唯一一家特种船舶生产基地。园区入驻名扬船厂、美尔美图船厂、胜华船厂等11家船舶修造企业，倾力打造出口新加坡的系列加油轮生产基地，开辟欧亚散货船市场。

（三）海洋科技支撑海洋经济发展情况

与国家海洋局第一海洋研究所共建“国家海洋一所连云港研究院”，南京大学、南京工业大学、南京理工大学等在连云港市先后设立研究院，与中国海洋大学、上海海洋大学、大连海洋大学、中国水产科学院黄海研究所、东海研究所等海洋院所合作，建设功能齐全、配套完整的大中型科研试验设施20多座，初步形成集研发、试验评估、成果转化和产业化为一体的研发体系。

（四）海洋生态文明建设情况

坚持保护优先、绿色发展，着力打造“水清、岸绿、滩净、湾美、物丰、人悦”美丽海洋。实行海洋捕捞零增长和减船转产政策，开发浅海域生态养殖，发展海洋牧场和海上休闲渔业，加快传统渔业转型升级。建立海洋联合执法模式，开展海岛、海砂、排污、捕捞等专题执法行动。作为全国海洋生态补偿试点城市之一，连云港市率先建立海洋生态补偿制度，全面落实海洋工程环保竣工验收制度。

## 二、下一步海洋经济工作举措

一是提升海洋渔业发展结构。发展深水网箱养殖和远洋捕捞业，提高传统渔业经济效益，提升海洋渔业生产结构。

二是重视海洋科技创新。推进生物医药产品、技术研发，培育优质渔业品种，提高海洋产业科技含量和整体水平。

三是大力发展海洋交通运输业。发挥连云港港区位优势和枢纽作用，加强港口科学管理，以港口优势带动船舶修造业和海洋交通运输业发展。

# 第四章　江苏省沿江海洋经济带发展现状

江苏省沿江城市包括南京、扬州、镇江、苏州、无锡、常州、南通和泰州，是“长三角城市群”中城市数量最多的区域。除属于沿海沿江的南通市，其他7个沿江城市构成了江苏省沿江海洋经济带。

沿江7市的经济总量，尤其是南京、镇江、苏州、无锡、常州这5个苏南城市，在江苏省占有举足轻重的地位。2017年沿江7市GDP为60 064.01亿元，占全省GDP总量的70%。沿江7市集聚了海洋船舶、海洋工程装备制造、海洋交通运输等一批特色海洋产业，占据全省海洋生产总值的半壁江山。

## 第一节　南京市海洋经济发展情况

南京市涉海企业产业类别中，海洋交通运输业、海洋产品零售业、海洋船舶工业、海洋信息服务业、海洋工程装备制造业五大产业类别的涉海企业数量占比较高（图4-1），尤其是海洋交通运输业，占比达30%。

南京港作为亚洲最大内河港口之一，既是我国沿海对外开放一类口岸，也是长江流域水陆联运和江海中转的主枢纽港，还是“长三角”唯一实现集装箱铁路与水路无缝对接的港口。长江南京以下12.5米深水航道工程，使南京港成为最深入内陆的国际型深水海港，成为长江中上游最直接、最快捷的出海口和中国连结全球的江海转运综合枢纽。2017年，南京港货物吞吐量2.4亿吨，比上年增长8.8%。

南京市2015年启动《南京海港枢纽经济区建设三年行动计划》，至2017年年底，累计建成42个项目。四大公用新港区（龙潭、西坝、铜井、七坝）建设正在

推进，已基本建成龙潭、西坝两大核心港区，全港年设计通过能力2亿吨。南京港已拥有集装箱航线79条、月航班736班，开通了至中亚、欧洲及新疆等国际、国内集装箱班列。七坝港区多用途码头工程建设接近尾声，建有5 000吨级多用途泊位5个，岸线长度710米，通过能力600万吨，已投入试运行。

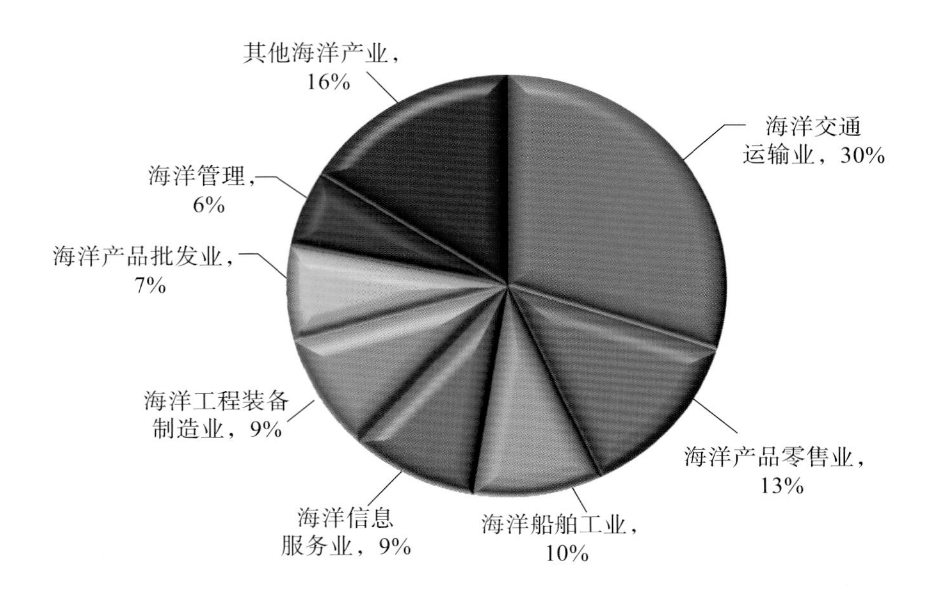


图4-1　南京市海洋产业涉海企业数量分布

2017年8月，颁布实施《南京市“十三五”枢纽经济发展规划》，依托长江江海转运主枢纽港，大力发展江海转运、水铁联运、水陆联运，推进宁镇扬港口一体化整合；加快下关长江国际航运物流服务集聚区建设，打造口岸服务、航运总部经济、航运物流综合服务、航运物流交易和航运人才交流5个中心；整合南京及周边港口近洋集装箱航线航班资源，争取新辟至宝岛台湾、东南亚等21世纪海上丝绸之路沿线近洋航线；加密长江流域集装箱支线密度，扩充华南等沿海内贸干线，构建沿江、沿海内贸航线“T”型战略框架；扩展和提升“南京—中亚”、“南京—欧洲”、“南京—新疆”国际国内集装箱班列，提升辐射带动效应。

南京市的船舶工业和海洋工程装备制造业通过调结构、促转型实现优化发展。金陵船厂调整产品结构，推进转型升级，以高附加值、高技术含量的特种船为主打产品，做优做特，摆脱同质化竞争，形成了以深耕滚装船建造市场为特色的品牌优势，成为国内交付滚装船最多的厂家，至今仍保持百分之百按期交船的良好记录。江苏大洋海洋装备有限公司响应国家突出两化融合、绿色制造和智能制造、推动建立先进制造业基地集群号召，在南京软件园设立研发中心，在海洋工程装备制造行业占据重要地位。

## 第二节　苏州市海洋经济发展情况

苏州市涉海企业产业类别中，海洋交通运输业、海洋产品批发业、海洋产品零售业、海洋工程装备制造业、海洋船舶工业五大产业类别涉海企业数量比重较高（图4-2）。

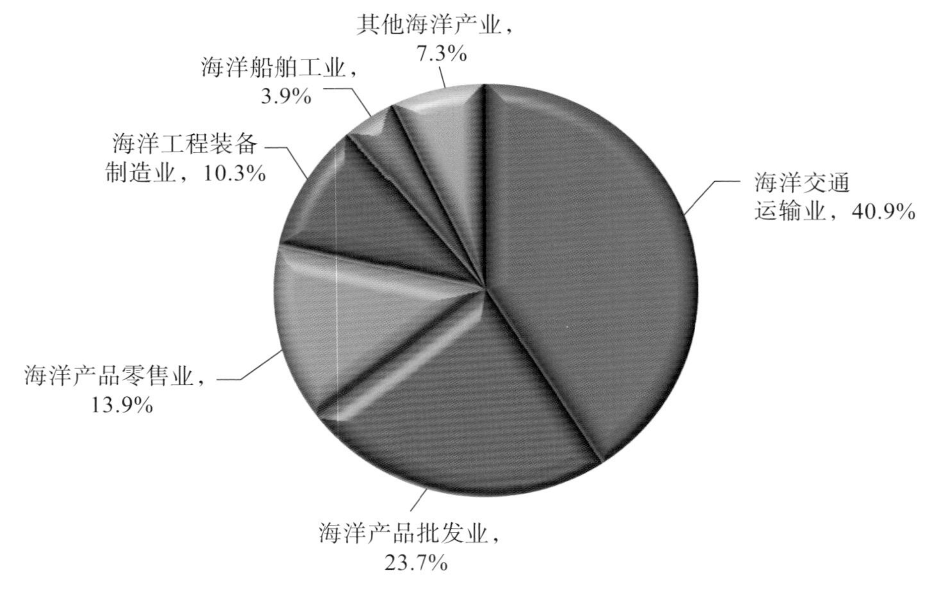


图4-2　苏州市海洋产业涉海企业数量分布

苏州市对接长江经济带发展战略，转变港口发展方式，打造布局合理、结构优化、管理科学的集约化发展格局。一方面，支持规模型港口企业加强与保税港区、综合保税区、临港物流园区经济融合，加快拓展港口物流服务功能；另一方面，继续推进区港联动的“无水港”建设，优化集装箱、矿石、煤炭等主要货类运输系统，发展江海联运、水陆联运、水铁联运、水水中转、集装箱多式联运业务，提升港口对区域经济的辐射和带动作用。建立港口与口岸查验部门间跨行业常态化信息共享平台、“一站式”通关服务平台等，提高港口外贸货物通关效率。

2017年，苏州港全年完成货物吞吐量6.1亿吨，比上年增长4.4%，继续位居全国沿海港口前列方阵；完成外贸货物吞吐量1.5亿吨，比上年增长1.9%；完成集装箱吞吐量587.5万标准箱，比上年增长7.2%。

苏州市围绕建设集装箱干线港和江海联运核心港区目标，推进苏州港与上海港、宁波港、中远海运以及江苏省沿江港口等战略合作和资源整合，营造与上海港和宁波港优势互补、错位发展的新格局。其中，太仓港集装箱四期工程及太仓港港口疏港铁路、苏昆太高速东延、通港高速等基础设施正在加快建设，打造集装箱综合立体转运平台。苏南公铁水和吴淞江综合物流园等项目列入省级多式联运示范工程项目，依托长江黄金水道，发展江海联运。

## 第三节　无锡市海洋经济发展情况

无锡市涉海企业产业类别中，海洋工程装备制造业、海洋交通运输业、海洋船舶工业、海洋产品批发业、海洋信息服务业五大产业类别的涉海企业数量比重较高（图4-3）。其中，海洋工程装备制造、海洋交通运输类企业数量比重超过30%。

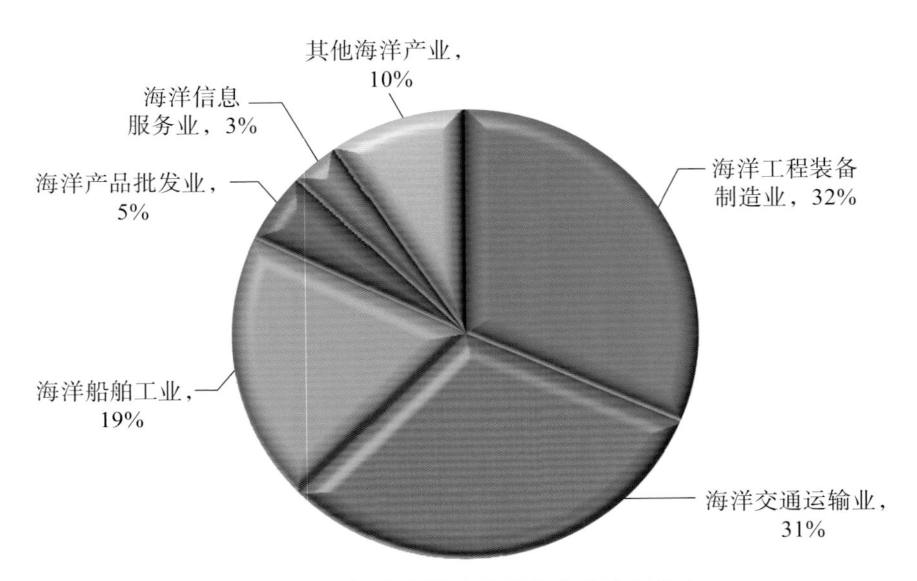


图4-3　无锡市海洋产业涉海企业数量分布

无锡市已形成了较为成熟的海洋船舶工业和海洋工程装备制造业产业链（图4–4）。2017年，无锡市中国船舶海洋探测技术产业园建造投资近百亿元，成为央企与地方企业携手打造海洋装备发展的典范。培育中船澄西船舶修造有限公司等一批大型船舶制造企业，2017年10月29日，为瑞典EKTANK公司建造的第二艘1.86万吨化学品船“EK-STREAM”号正式签字交付，标志着中船澄西船舶修造有限公司造船转型发展取得重大成果，巩固了在中小型液货船的市场地位。

无锡市海洋工程装备制造领域，涵盖海洋平台配套、载人潜水器、船舶制造和修理等诸多方面。以“深海技术”为着力点，重点发展深海装备总体及配套设施，培育海洋工程装备新兴产业，发挥中船集团的技术优势，提高海洋工程装备核心研发能力。重点突破深海勘探技术、新型采油平台系统设计、深海潜水器和深海空间站等关键技术，加快配套设备自主化进程，提高本土化能力。依托七〇二研究所试验基地，建立产学研合作机制，推进国际学术交流和技术合作，积极引进一批海内外高层次创新创业领军人才和重点人才，大幅提高研发设计能力，培育先发优势。

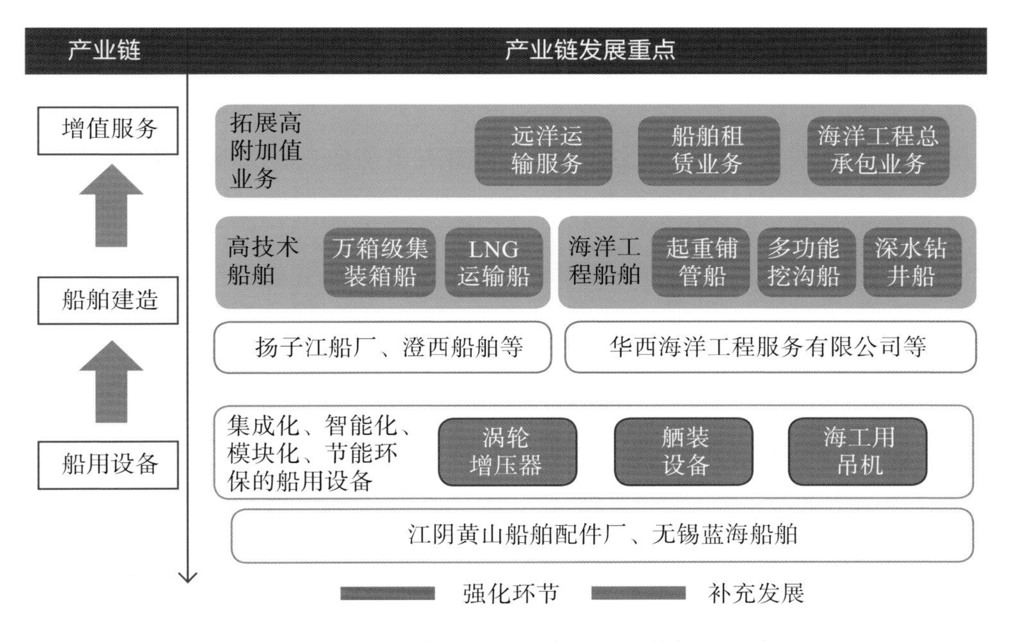


图4-4 无锡市海洋船舶和海洋工程装备产业链

无锡市江阴港素有“江海门户、锁航要塞”之称，现有10万吨级以上码头泊位5个，并建成长江沿岸第一座15万吨级通用码头。长江南京以下12.5米深水航道全线贯通后，江阴港大宗散货海进江最优区位特点凸显，江海联运效应扩大。船长超250米、载重量超10万吨的“开普型”船舶可以直接到港。2017年，江阴港全年完成货物吞吐量1.6亿吨，其中外贸吞吐量3 426万吨，分别增长21%、44%，增幅稳居全省主要港口第一位。共有291艘次“开普型”船舶进出江阴港，进口铁矿石2 250万吨，增长95.6%，累计为当地及长江中上游钢铁企业减少物流成本约11.5亿元。

## 第四节 常州市海洋经济发展情况

常州市涉海企业产业类别中，海洋工程装备制造业、海洋交通运输业、海洋产

品批发业、海洋产品零售业、海洋船舶工业五大产业类别的涉海企业数量比重较高（图4-5）。与其他沿江城市的产业分布相比，常州市的海洋产业分布较为均匀，且以中小企业为主，龙头企业较少。

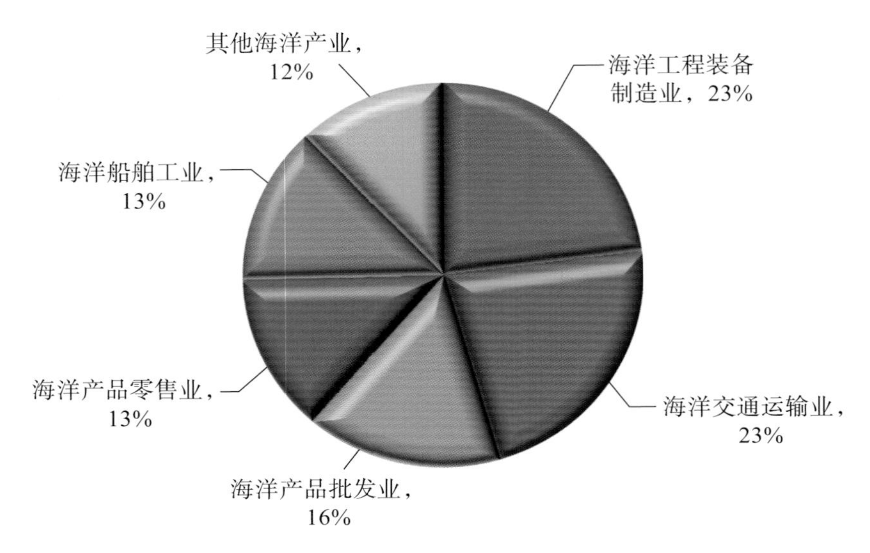


图4-5　常州市海洋产业涉海企业数量分布

2017年5月，常州军民融合产业园开园仪式暨2017中国军民两用技术研讨会在常州市举行，活动围绕军转民、民参军发展方向，推动军民融合板块在资本市场更快发展和以“基地+基金”模式推动军民融合产业集聚，在雷达通信、卫星导航、无人机与通用航空设备、海洋工程装备、兵器装备、轨道交通、检测检验、光电信息、商业卫星与火箭装备、公安武警装备等大型装备和电源电机、伺服控制、仿真系统、显示器、传感器等配套元器件等领域，加快军民深度融合，提升军民融合产业发展水平。

海洋交通运输业方面，常州港谋求更进一步转型与发展。2017年5月，常州录安洲长江码头开启直航日本首条集装箱班轮，除服务本地外贸企业外，还吸引近邻城市更多日本货源，第一年吞吐量约达到了2万标准箱，预计至2019年可达4万标

准箱。日本直航班轮形成规模效应后，将加快录安洲长江码头东南亚直航航线开启步伐。

## 第五节　镇江市海洋经济发展情况

镇江市涉海企业产业类别中，海洋交通运输业、海洋工程装备制造业、海洋船舶工业、海洋产品批发业、海洋技术服务业五大产业类别的涉海企业数量比重较高（图4-6）。其中，海洋交通运输类企业数量比重达到48%。

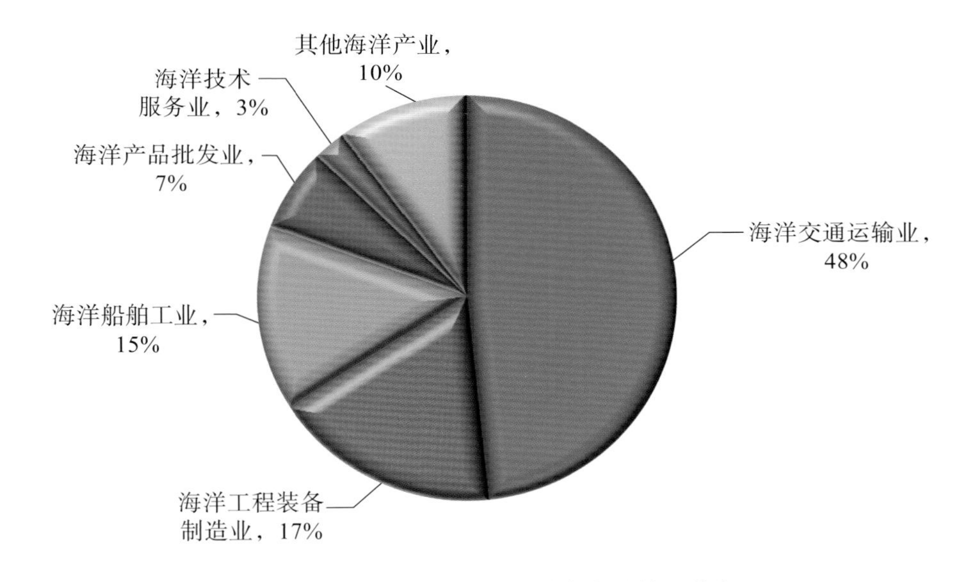


图4-6　镇江市海洋产业涉海企业数量分布

港口是镇江最大的比较优势和战略资源，在“一带一路”倡议和长江经济带、“宁镇扬一体化”等重大战略实施的背景下，镇江港稳步推进港口发展“综合枢纽战略、集约转型战略、港城联动战略和低碳智慧战略”。2017年，镇江港外轮进出数量达3 345艘次，外贸进出口货物吞吐量超过3 255万吨，进出镇江港船舶总吨位首次突破6 700万吨，创下历史新高。

镇江市海洋工程装备制造业与海洋船舶工业也呈现出自己的发展优势。镇江高新区8千米长江深水岸线上，形成中船动力、挪威康士伯、德国贝克尔等30多家单体投资超亿元的特色产业集群，获批科技部镇江特种船舶及海洋工程装备特色产业基地、江苏省高端装备制造业示范产业基地。镇江船厂创新了“陆地造船、吊装下水”的前沿技术，销售收入4%以上投入研发，不断创新和储备设计理念、关键技术，坚守特种工程船舶的市场定位，多功能全回转工作船、多用途海洋工程船两大系列产品，创造42项“中国第一”，实现“零弃单、全交付”的业内奇迹。其中，多功能全回转工作船的国内市场占有率超过70%，多用途海洋工程船达到世界先进水平。

镇江市高新区坚持“三高四新”发展思路，即打造高新产业、高新企业、高端人才和新技术、新模式、新金融、新业态，设立海洋船舶与海洋工程装备制造产业产业引导基金，依托江苏科技大学海洋装备研究院等载体，瞄准产业高端，在人才培养、产品研发、品牌创新、技术创新等方面强化和完善长效合作机制，建成规模化、品牌化、高端化的全国一流产业园。江苏科技大学海洋装备研究院入驻高新区以来，累计承担协同创新和自主培育项目42个，成功研发12个产品样机，并实行工程化、产业化。其中，双方协同江苏省船舶设计研究所研制的采用全电力推进方式的新一代节能型车客渡船，填补国内空白。

## 第六节　扬州市海洋经济发展情况

扬州市涉海企业产业类别中，海洋产品批发业、海洋船舶工业、海洋交通运输业、海洋工程装备制造业、海洋产品零售业五大产业类别的涉海企业数量比重较高（图4-7）。海洋船舶工业与海洋交通运输业发展较能凸显扬州市海洋产业发展优势。

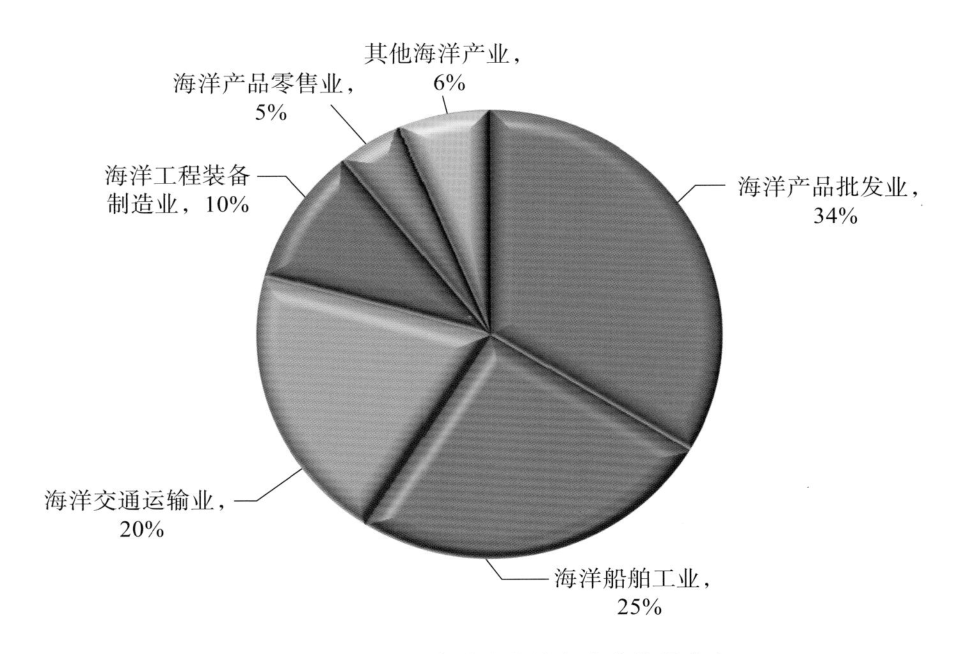


图4-7 扬州市海洋产业涉海企业数量分布

经过多年的发展，扬州市建成一批高水平的造船基础设施，完成仪征、广陵、江都三大产业集群空间布局，形成远洋近海和内河船舶并造产业格局，成为江苏省三大远洋造船基地，产能约占全省的1/3、全国的1/10。2017年，船舶出口比上年增长74.6%。从船舶产品来看，散货船、油船、集装箱船三大主力船型成熟发展，高附加值特种船舶异军突起；从船企品质来看，扬州市重点骨干船舶生产企业中有一半以上或为央企集团所属公司或为航运依托型企业。扬州市船舶工业未来发展的重点定位为高技术船舶和海洋工程装备制造业，谋求向更高端船舶制造业发展。

扬州港口强化企业跟踪管理和市场拓展，狠抓小散码头堵漏挖潜，港口货物吞吐量稳中有升，海洋交通运输业发展初具规模。2017年，扬州全港完成货物吞吐量1.2亿吨，比上年增长10.5%，其中沿江完成9 424万吨，比上年增长15.4%，内河完成2 613万吨，比上年下降4.3%；外贸吞吐量完成1 011万吨，比上年增长26%；集装箱吞吐量完成49.7万标准箱，与上年基本持平。

## 第七节　泰州市海洋经济发展情况

泰州市涉海企业产业类别中，海洋船舶工业、海洋工程装备制造业、海洋交通运输业、海洋产品批发业、海洋产品零售业五大产业类别的涉海企业数量比重较高（图4-8）。

海洋船舶业是泰州市工业经济重要板块，重点船企均通过国家两化融合管理体系贯标评定，主流船型设计和建造水平已与日本和韩国的造船企业并驾齐驱。通过“互联网+造船”，利用云计算、大数据、物联网等技术，改造传统造船工艺设备和工艺流程，提升船舶建造过程的标准化、信息化和智能化水平，推动泰州市从造船大市向造船强市迈进。2017年，泰州市造船完工量、新接订单量、手持订单量分别占全球的1/14、1/8和1/10，接单量居全国首位。同时，泰州市抢抓军民融合发展机遇，加快进军海军保障性船舶建造市场，泰州口岸船舶有限公司成为江苏省首家取得军工四证资质的重点造船企业。

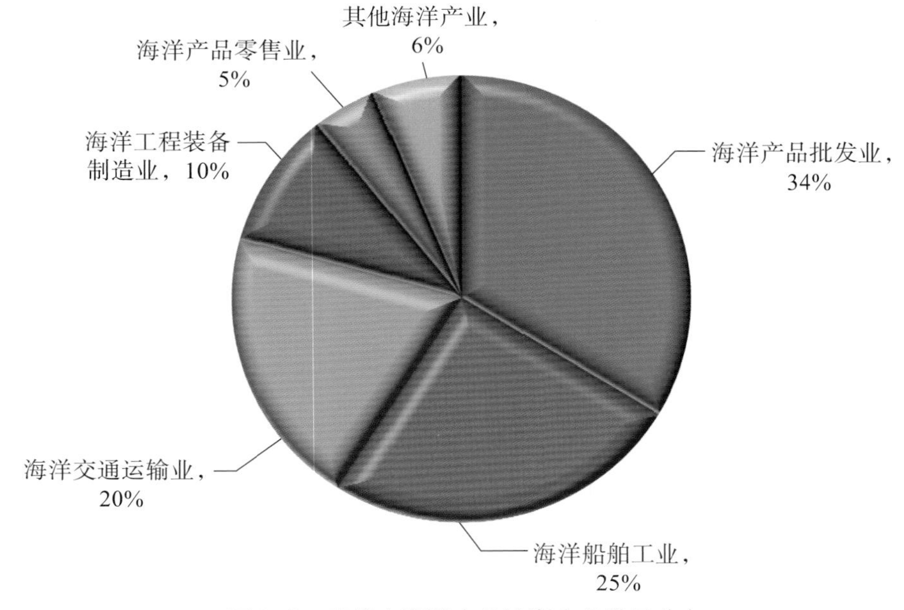


图4-8　泰州市海洋产业涉海企业数量分布

泰州市船企加大新一代主流船型和两高船型开发力度，船舶建造标准化、信息化、大型化、智能化特征更加明显。2017年年底，万箱级集装箱船累计交付24艘，3 800标准箱集装箱船成为2017年中国船厂建造的最有特色的船之一。泰州口岸船舶有限公司和上海船舶研究设计院联合研发设计和建造的2.7万载重吨多用途船，具有运载功能强大和节能环保特性，能满足全球航道通航要求，在船舶市场上备受青睐，累计获得订单25艘。

泰州市海洋船舶工业企业不断提高科技创新能力，引导企业加大研发投入，强化企业在科技创新中的主体地位，提升自主创新能力和市场竞争力。江苏亚星锚链股份有限公司是国际锚链行业竞争实力最强、规模最大的生产企业，也是船舶配套海工装备行业第一家上市公司，产品出口50多个国家和地区。江苏振华泵业公司是国内最大、最专业的舰船用泵配套企业，近年来荣获国家科技进步奖二等奖等省部级以上奖项10余项，承担国家科技支撑计划项目1项、国家火炬计划项目6项。

2017年，泰州市确立了打造“长三角”地区特色产业基地的目标，构建“一业牵引、三业主导、特色发展”产业体系，提出高技术海洋船舶及海洋工程装备制造产业产销规模2020年突破1 500亿元，成为全省领先、国内有名的支柱产业。

# 第三篇　附　录

# 附录1　2017年江苏省海洋经济大事记

1. 2017 年 2 月，正式印发《江苏省“十三五”海洋经济发展规划》(以下简称《海洋经济发展规划》)

根据《海洋经济发展规划》，“十三五”期间，江苏省坚持“陆海统筹、江海联动、集约开发、生态优先”原则，主动融入国家重大战略，着力提升以沿海地带为纵轴、沿长江两岸为横轴的“L”型海洋经济带发展能级，优化海洋产业空间，推进港产城一体化发展，在形成海洋重大生产力布局上实现新突破。明确了“十三五”江苏省海洋经济的发展目标是：到2020年，江苏省海洋经济综合实力和竞争力位居全国前列，海洋经济在全省经济中的比重显著提高；海洋产业结构显著优化，海洋空间布局更加科学合理，现代海洋产业体系基本形成；海洋科技进步贡献率显著提高，海洋科技创新体系逐步完善；海洋生态保护水平不断提高，海洋公共服务体系和海洋综合管理体制更加完善，初步建成海洋经济强省。

2. 2017 年 3 月，江苏省人民政府批复同意印发实施《江苏省海洋生态红线保护规划(2016—2020 年)》(以下简称《保护规划》)

《保护规划》把重要、敏感、脆弱海洋生态系统纳入海洋生态红线区管辖范围，并实施强制性保护和严格管控。《保护规划》划定各类海洋生态红线区73个，主要包括海洋自然保护区、海洋特别保护区、重要河口生态系统、重要滨海湿地、特别保护海岛、重要滨海旅游区、重要渔业海域、重要砂质岸线及邻近海域8类，面积达9 676.07平方千米，占江苏省管辖海域面积的27.83%。《保护规划》提出分区分类制定管控措施，禁止类红线区，禁止任何形式的开发建设活动；限制类红线区，实行区域限批制度，严格控制开发强度，禁止围填海和采挖海砂，不得新

增入海陆源工业直排口，控制养殖规模。

### 3. 2017 年 5 月，召开会议动员部署海洋经济调查工作

2017年5月5日，全国海洋经济调查动员部署视频会议后，江苏省召开海洋经济调查动员部署会，副省长蓝绍敏出席会议并讲话。会议指出，要实现《江苏省国民经济和社会发展第十三个五年规划纲要》提出的海洋经济强省战略目标，必须摸清全省的海洋经济“家底”，在深入调查、全面分析全省海洋经济发展水平、结构和布局等基础上，做出科学的决策，采取富有针对性的举措。开展海洋经济调查是一项非常重要的基础性工作，对于加强海洋经济宏观调控，促进海洋经济转型升级，加快建设“强富美高”新江苏具有重要意义。会议要求各地、各部门要充分认识调查工作的重要性，严格按照调查工作要求完成任务。

### 4. 2017 年 6 月，第十届世界海洋日暨全国海洋宣传日主场活动在南京举行

2017年6月8日，第十届世界海洋日暨全国海洋宣传日开幕式以及2016年度海洋人物颁奖仪式在南京举行，主题为“扬波大海，走向深蓝”。全国政协副主席罗富和出席开幕式及颁奖仪式。活动中举行了海洋公益形象大使授予仪式，国家海洋局局长王宏为中国前女排队长惠若琪和江苏卫视主持人孟非颁发“海洋公益形象大使”聘书。

### 5. 2017 年 6 月，中哈（连云港）物流合作基地实现深水大港、远洋干线、中欧班列、物流场站无缝对接

2017年6月8日17时20分，国家主席习近平与哈萨克斯坦总统纳扎尔巴耶夫在阿斯塔纳专项世博会中国国家馆共同推动操控杆，装载着中远海运集团集装箱的中欧班列从连云港港鸣笛开行。至此，中哈（连云港）物流合作基地初步实现深水大港、远洋干线、中欧班列、物流场站无缝对接，标志着“一带一路”建设推进互联

互通取得重要的最新成果。

### 6. 2017 年 7 月，连云港海州湾先行先试“湾长制”

连云港市政府组织编制实施《连云港市海州湾“湾长制”实施方案》（以下简称《方案》），重点围绕陆海统筹和河海联动、分级管理和部门协作、常规监管和信息化应用3项特色管理措施，确保实现保护海洋生态系统、改善海洋环境质量目标。提出到2017年年底，实现海州湾市、县（区）级“湾长制”全覆盖，建立起责任明确、协调有序、监管严格、保护有力的海州湾“湾长制”运行机制；到2020年，主要入海污染物总量大幅减少，近岸海域水质稳中趋好。

### 7. 2017 年 7 月，首次全国性海陆空渔业水上搜救演练在如东举行

2017年7月13日上午，由农业部、交通运输部和江苏省人民政府联合主办的全国性首次渔业水上搜救大演练——2017全国渔业水上突发事件应急演练，在如东县洋口港阳光岛附近海域拉开帷幕。此次实战演练，旨在进一步增强渔业安全生产意识，提升水上渔民自救互救能力；积累商、渔船碰撞事故处置经验，完善渔业突发事件应急救援预案，规范处置程序；强化部门协作配合，锻炼应急管理队伍，提升渔业水上突发事件应急救援水平，切实保障人民群众生命和财产安全。

### 8. 2017 年 8 月，国家海洋督察组（第三组）进驻江苏省开展海洋督察工作

2017年8月24日至9月23日，国家海洋督察组（第三组）对江苏省开展围填海专项督查。8月24日，督察工作动员会在南京召开，国家海洋督察（第三组）组长、国家海洋局副局长林山青讲话，省长吴政隆做动员讲话。

### 9. 2017 年 9 月，成立智慧海洋产业联盟，打造行业融合平台

2017年9月15日，在江苏省经信委、省科技厅、省财政厅和省海洋与渔业局指导下，江苏省智慧海洋产业联盟在南京徐庄高新区成立，联盟定位为“江苏智慧海

洋发展合作平台、产学研相结合的技术创新体系”，通过联盟成员的优势互补、利益共享，协力研究解决江苏省海洋经济发展和智慧海洋工程建设的共性、关键性、前沿性问题，推动江苏省智慧海洋产业转型升级、快速发展。

### 10. 南通市推进首批海洋经济创新发展示范城市建设

2016年，国家海洋局和财政部共同批复《“十三五”海洋经济创新发展示范城市工作方案》，确定天津滨海新区、南通、舟山、福州、厦门、青岛、烟台、湛江8个城市为首批海洋经济创新发展示范城市。南通市为推进陆海统筹发展，改革财政支持经济发展方式，推动主导产业、战略性新兴产业和现代服务业发展，设立政府性主权基金——南通陆海统筹发展基金，首期注册资本为20亿元。2017年5月，南通市人民政府印发《南通市建设海洋经济创新发展示范城市实施方案》，全方位推进海洋经济创新发展示范城市建设。

# 附录2　海洋经济主要名词解释

## 1. 海洋经济 Ocean Economy

根据《海洋及相关产业分类》（GB/T 20794—2006），海洋经济是指开发、利用和保护海洋的各类产业活动以及与之相关联活动的总和。海洋经济涉及海洋产业和海洋相关产业两个方面的经济活动。

海洋产业是开发、利用和保护海洋所进行的生产与服务活动。主要表现在以下5个方面：①直接从海洋中获取产品的生产和服务活动；②直接从海洋中获取的产品的一次加工生产和服务活动；③直接应用于海洋和海洋开发活动的产品生产和服务活动；④利用海水或海洋空间作为生产过程的基本要素所进行的生产和服务活动；⑤海洋科学研究、教育、管理和服务活动。海洋相关产业是以各种投入产出为联系纽带，与海洋产业构成技术经济联系的产业。

## 2. 海洋生产总值 Gross Ocean Product

海洋生产总值是海洋经济生产总值的简称，指按市场价格计算的沿海地区常住单位在一定时期内海洋经济活动的最终成果，是国民经济中全部涉海经济活动的最终反映。海洋生产总值等于海洋产业和海洋相关产业增加值之和，是反映海洋经济活动的总量指标，与国民经济核算中的国内生产总值概念相对应，是衡量海洋经济对国民经济贡献水平的重要指标。

## 3. 海洋经济区域 Ocean Economy Region

江苏省具有临海滨江的独特区位优势。江海联动是江苏省海洋经济发展的基本原则之一，也是江苏省海洋经济发展的特色和亮点。江苏省海洋经济重点发展区域包括沿海地区和沿江地区两部分。

江苏省沿海地区是指拥有海岸线的地级市行政区，包括连云港市、盐城市和南通市3市。沿江地区是指拥有长江岸线的8个地级市行政区，包括南京市、苏州市、无锡市、常州市、镇江市、南通市、扬州市和泰州市。其中，南通市处于沿海地区和沿江地区的交汇处，本报告将南通市海洋生产总值纳入沿海地区范畴，沿江地区海洋生产总值核算中不包括南通市。

### 4. 海洋战略性新兴产业 Emerging Strategic Marine Industries

海洋战略性新兴产业是指以海洋高新科技发展为基础，以海洋高新科技成果产业化为核心内容，具有重大发展潜力和广阔市场需求，对相关海陆产业具有较大带动作用，可以有力增强国家海洋全面开发能力的海洋产业门类。